Matemáticas

Nombre: ______________________________

www.ingramcontent.com/pod-product-compliance
Lightning Source LLC
Chambersburg PA
CBHW062329220526
45469CB00008B/2638
* 9 7 8 1 7 2 6 1 8 4 9 6 0 *